Kraft und Stoff

von physikalischem Standpunkte.

Ein Vorlesungs-Vortrag

in populär-wissenschaftlicher Form

bearbeitet

von

Dr. Heinrich Buff,

Professor der Physik in Gießen.

Gießen 1867.

J. Ricker'sche Buchhandlung.

Was ist die Bedeutung von Kraft und Stoff? Die Beantwortung dieser Frage ist seit den Zeiten der griechischen Philosophen bis herab zur Gegenwart eine der anziehendsten Aufgaben für das Nachdenken und für den Forschungstrieb geblieben. Das Meiste, was denkende Männer in Wort und Schrift darüber mitgetheilt haben, wurzelt allerdings in der Erfahrung. Jedoch die Folgerungen, die man gezogen hat, gingen häufig weit über das Thatsächliche hinaus und es wurde als Ergebniß naturwissenschaftlicher Forschung einerseits ausgegeben, andererseits dafür gehalten, was im besten Falle doch nur auf Aehnlichkeiten, nicht selten aber auf schwankenden Vermuthungen, auf Trugschlüssen und Selbsttäuschung beruhte.

Es ist begreiflich, daß das Vertrauen zu der überzeugenden Kraft naturwissenschaftlicher Wahrheiten in den Augen des gebildeten Laien dadurch nicht gewinnen konnte.

Ein Versuch, bei der Begründung der Begriffe von Kraft und Stoff, von dem was als wissenschaftliche Errungenschaft feststeht und unabweisbar ist, Alles dasjenige auszuscheiden, was nur auf Voraussetzungen, oft sehr willkürlicher und oberflächlicher Art beruht, dürfte deshalb wohl gerechtfertigt erscheinen. Einen derartigen Versuch und nichts Anderes bietet diese Abhandlung.

Alles was der Physiker mit dem Worte Naturerscheinung bezeichnet, bezieht sich auf sinnlich wahrnehmbare Vorgänge in der Körperwelt. Alle solche Aenderungen, soweit sie bis jetzt näher erforscht werden konnten, hat man als die Folgen wechselseitiger Einwirkungen der Körper erkannt.

In zahlreichen Fällen tritt diese Erkenntniß aus der unmittelbaren Betrachtung der Vorgänge unzweideutig hervor; häufig aber auch ist sie nur Folgerung aus einer Reihe logisch geordneter, verständiger Erwägungen, der Ausspruch wohlbegründeter, wenn auch ursprünglich vielleicht nur hypothetischer Anschauungen. Doch in keinem Falle ist jemals eine Aenderung an einem Körper oder an Theilen desselben beobachtet worden, deren Eintreten in unzweifelhafter Weise als unabhängig von dem Einflusse anderer Körper oder anderer Körpertheile hätte anerkannt werden müssen.

Einwirkungen jeglicher Art, welche ein Körper auf andere Körper, oder auch Theile eines Körpers auf Theile desselben Körpers ausüben, nennt der Physiker Kraftäußerungen und ihre Ursachen Kräfte.

So beruhen die Bewegungen durch den Wurf, durch das Drücken, Ziehen, Stoßen augenscheinlich auf Einwirkungen, die von Außen kommen. Ein Schiff kann z. B. durch den Druck des strömenden Wassers oder auch durch den des Windes bewegt werden. Die Bewegung desselben durch das Ruder, ungeachtet dieses gleichsam einen Bestandtheil des Schiffes bildet, läßt sich fast eben so leicht auf einen von Außen kommenden Einfluß zurückführen. Jedermann weiß, daß das bewegte Wasser an entgegentretenden Hindernissen der Bewegung emporsteigt und in Folge davon einen Druck gegen sie ausübt. In gleicher Weise stauet sich das Wasser vor dem Ruder, sobald es von diesem zurückgetrieben, also in Bewegung gesetzt wird. So erkennt man, daß der Zweck des Ruderns darin besteht, einen Druck von Außen, den Stoß des Wassers, in Thätigkeit zu setzen und demselben Angriffsstellen zu verschaffen. Allerdings übt dabei auch das Ruder oder vielmehr die dasselbe leitende Kraft einen Druck gegen das Wasser aus; dieser wird jedoch in der beschriebenen Weise von dem Wasser, und zwar in genau gleicher Größe, zurückgegeben.

Die Erfahrung lehrt, daß in ähnlicher Weise eine jede Kraft, vermöge der ein Körper einen anderen zu bewegen strebt, so lange sie wirksam ist, sich als gleich großer Druck nach entgegengesetzten Seiten äußert. Ein Körper kann also nicht auf einen anderen einwirken ohne sich nicht gleichzeitig dem Einflusse dieses anderen zu unterwerfen, in der Art, daß beide mit gleicher Kraft jeder den andern zu bewegen sucht.

Von diesem Erfahrungssatze kennt man keine Ausnahme, und er gilt auch für Theile ein und desselben Körpers, wenn bewegende Kräfte zwischen ihnen zur Thätigkeit kommen. Druck und Gegendruck stehen stets mit einander im Gleichgewichte.

Es ist einleuchtend, daß ein Stein auf den Tisch gelegt, mit der ganzen Größe seines Gewichtes auf diesen drückt. Vermöge der dabei in Anspruch genommenen elastischen Kraft der Tischplatte empfängt der Stein genau denselben Druck zurück; denn wäre es nicht der Fall, so müßte er durchsinken.

Wer denselben Körper auf der Hand trüge, würde den entsprechenden Gegendruck durch die Muskelkraft ausüben. Wenn durch rasche Bewegung der Hand der Druck gegen den Stein vergrößert und dieser endlich fortgeschleudert worden wäre, so würde nach dem Urtheile des Gefühls auch der Gegendruck des Steins, so lange er noch mit der Handfläche in Berührung blieb, eine sein Gewicht übersteigende Größe angenommen haben. Der durch die Luft fliegende Stein drückt auf diese, verdichtet sie und schiebt sie zur Seite; aber denselben Druck giebt die Luft zurück und entzieht dadurch dem Stein allmälig seine Bewegung.

Zwei Schiffe in offenem Wasser können nicht von einander abgestoßen, oder, durch ein Tau verbunden, zu einander gezogen werden, ohne daß nicht beide durch entgegengesetzt gleichen Druck gleichzeitig bewegt werden. Am Deutlichsten tritt uns die Nothwendigkeit dieses Verhaltens entgegen, wenn wir in Erwägung ziehen, daß das Tau, der Leiter der Kraft, nach beiden Seiten hin gleiche Spannung annehmen muß.

Was man Spannung oder Spannkraft eines Gases nennt, ist die Folge eines Drucks gasartiger Theile gegeneinander, von je zweien derselben, die sich berühren, mit gleicher Stärke und in entgegengesetztem Sinne ausgeübt, und nach allen Richtungen bis zu den Behälterwänden fortgepflanzt. So bildet sich durch die Entzündung des Pulvers ein Gas, welches, etwa in dem Rohr einer geladenen Kanone gespannt, vorwärts die Kugel und rückwärts durch einen eben so großen Druck den Körper der Kanone zu treiben sucht.

Kräfte dieser Art, wenn sie zwischen zusammengehörigen oder als zusammengehörig betrachteten Theilen eines Ganzen wirksam sind, pflegt man innere Kräfte zu nennen. Ihre Thätigkeit, wo immer man sie vorgefunden hat oder sie als vorhanden anzunehmen berechtigt war, beschränkte sich auf Bewegungen nach entgegengesetzten Richtungen unter gleich großen Drücken und ohne Verrückung des gemeinschaftlichen Schwerpunktes. Dagegen erfordert die gemeinschaftliche und gleichgerichtete Bewegung sämmtlicher Theile eines Ganzen stets einen Angriff von Außen, also das Vorhandensein und die Thätigkeit äußerer Kräfte.

Die Drehung der Räder einer Locomotive geschieht durch innere Kräfte. Die Locomotive als Ganzes kann dadurch allein nicht in Bewegung gesetzt, d. h. der Vereinigungspunkt ihres Gewichtes, ihr Schwerpunkt, kann dadurch nicht, selbst nicht um die kleinste Strecke verrückt werden. Die Möglichkeit einer fortschreitenden Bewegung verdankt sie einem äußeren Einflusse, der Reibung auf den Schienen. Die Reibung äußert sich bekanntlich als ein Widerstand gegen das Gleiten der Räder. Sie vermittelt dadurch eine Wechselwirkung zwischen dem festen Boden und der Locomotive, von verwandter Art, wie durch die Arbeit des Ruders sie in dem Wasser herbeigeführt wird. Die Größe des Reibungswiderstandes ist jedoch begrenzt. Diese Grenze ist von der

Beschaffenheit des Bodens und von dem Gewicht der Locomotive abhängig. Hat man dieselbe überschritten, z. B. durch eine zu große Anzahl angehängter Wagen, so gleiten die Räder der Maschine und diese bleibt stehen, wie groß immerhin die Kraft des Dampfes sei, wodurch die Räder herumgedreht werden.

Auch durch Pferdekraft allein würde ein Wagen nicht fortgezogen werden können, wenn nicht des Pferdes eigenes Fortschreiten durch die Reibung seiner Füße auf dem Boden, im Sinne eines entgegengesetzt gleichen Druckes vermittelt würde. Darum schärft man die Eisen der Pferde, wenn im Winter auf glatter Schnee- oder Eisbahn ein Ausgleiten der Füße (gleichbedeutend mit verminderter Zugkraft) zu befürchten steht.

Die lebenden Geschöpfe sind mit inneren Kräften ausgestattet, vermöge der sie eine bis zu einem gewissen Grade freie Beweglichkeit ihrer Glieder, jedoch ausschließlich nur in dem oben bezeichneten Sinne besitzen. Wie für alle thierischen Organismen, so gilt dieß auch für den menschlichen Körper. Zu den Bestandtheilen desselben gehören zahlreiche Vorrichtungen und Hülfsmittel, zum Theile von überraschender Aehnlichkeit mit solchen, die man bei Maschinen von Menschenhand angebracht sieht. Sie dienen, um gewisse Einwirkungen, welche von einem Theile des

Körpers ausgehen, auf andere Theile fortzuleiten und dort denselben die geeigneten Angriffspunkte zu verschaffen. So mannigfaltig die Bewegungen sind, welche dadurch den einzelnen Gliedern eingeprägt werden können; eine Bewegung des menschlichen Körpers, als Ganzes betrachtet, eine Veränderung seines Orts mit Beziehung zur Außenwelt, mit einem Worte: eine Verrückung seines Schwerpunktes, kann durch die in ihm thätigen inneren Kräfte nicht herbeigeführt werden. Dazu gehört als nothwendige Vorbedingung eine Einwirkung von Außen; so beim Fortschreiten die Festigkeit des Bodens und die Reibung.

So steht bei allen lebenden Geschöpfen die Ortsveränderung in vollständiger und unbedingter Abhängigkeit von äußeren Einflüssen. Unsere Bewegungen erlangen nur dadurch den Anschein der Freiheit und Selbstständigkeit, daß wir gelernt haben manche äußere Einflüsse zu beherrschen und für unsere Zwecke zu leiten.

Jeder Theil eines Körpers ist wieder ein Körper und äußeren Einwirkungen zugänglich. Man hat längst erkannt, daß selbst die kleinsten Körper und Körpertheile, wenn sie einander hinlänglich nahe gebracht werden, die Eigenschaft annehmen können einander anzuziehen, oder auch diejenige sich abzustoßen; oder wie der Physiker sich ausdrückt: daß sie anziehende und abstoßende Kräfte (Cohäsionskraft und Expansionskraft) gegen einander zu äußern vermögen.

So findet man, daß zwei Spiegelplatten oder zwei ebene, gut polirte Metallplatten, auf einander gelegt, sich so stark anziehen, daß sie an einander hängen bleiben. Zwei Wasser- oder Quecksilbertropfen einander bis zur Berührung genähert, strömen, wie durch eine plötzlich geweckte Zugkraft getrieben, in einander über. Dagegen wird zwischen den Theilen gasartiger Körper eine sehr merkliche Abstoßung, ein Streben sich von einander zu entfernen, wahrgenommen.

Man hat diesen zwischen allen Körpertheilen wirksamen Kräften den gemeinschaftlichen Namen: Molekularkräfte gegeben.

In irgend welchem Zustande, in dem sich ein Körper dauernd befindet, stehen diese Kräfte unter einander im Gleichgewichte, d. h. sie drücken nach entgegengesetzten Richtungen mit genau gleicher Stärke. Aenderungen bestehender Zustände, wie die Theilung oder wie der Uebergang aus dem festen in den flüssigen, aus dem flüssigen in den gasförmigen Zustand ergeben sich stets als die Folgen äußerer Einflüsse, z. B. der Erwärmung; als die Folgen von Einflüssen, durch die das Gleichgewicht der Molekularkräfte gestört wurde, entweder nur vorübergehend oder durch Ueberführung in einen neuen Gleichgewichtszustand.

Durch äußere Kräfte können die Theile eines Körpers gezwungen werden, ihre gegenseitigen Stellungen zu verändern, sich zu verschieben, einander näher zu treten, oder auch sich von einander zu entfernen. Wenn diese Aenderungen gewisse Grenzen, die Elasticitätsgrenzen, nicht überschritten haben, so treten die Körpertheile nach Beseitigung der äußeren Einwirkung in den früheren Gleichgewichtszustand der Molekularkräfte zurück. Die Gewalt, womit es geschieht, nennt man elastische Kraft. Es ist einleuchtend, daß dieselbe an Größe dem von Außen kommenden Druck gleich, in der Richtung entgegengesetzt sein muß. Das Vermögen, elastischen Widerstand gegen Verschiebung der Theile, wie gegen Biegung, Drehung u. s. w. zu äußern, besitzen, wiewohl in sehr ungleichen Graden, die festen Körper. Elasticität gegen verdichtende und ausdehnende Kräfte kommt allen Körpern ohne Ausnahme zu.

Wenn die Theile verschiedenartiger Körper in Berührung kommen, so können allein schon in Folge ihrer wechselseitigen Einwirkung, doch häufiger unter begünstigenden äußeren Einflüssen, Erscheinungen von der Art eintreten, welche man chemische Vorgänge nennt. Sie characterisiren sich wesentlich dadurch, daß in ihren Endresultaten, aus verschiedenartigen Theilen ein von diesen wieder verschiedenes Ganze, eine Verbindnng, gebildet wird, oder umgekehrt, daß aus einer Verbindung verschiedenartige Bestandtheile hervortreten. Als letzte Ursache derartiger Vorgänge bezeichnet man die chemisch anziehende Kraft oder chemische Verwandtschaft (Affinität), während der Ausdruck Cohäsionskraft fast ausschließlich auf die Wirkungen der wechselseitigen Anziehung gleichartiger Theile, z. B. die Bildung eines größeren Krystalls durch Nebeneinanderlagerung krystallinischer Theilchen bezogen wird.

Die Körper und ihre Theile wirken nicht bloß dann aufeinander, wenn sie einander sehr nahe gerückt sind, oder nach der gewöhnlicheren Ausdrucksweise, wenn sie sich berühren. Es ist längst dargethan, daß sie auch auf Abstand und selbst auf die weitesten Entfernungen hin in einem ununterbrochenen und lebhaften Verkehr stehen.

Die Annahme von Anziehungen und Abstoßungen auf die Ferne ist von den Naturforschern nicht willkürlich gemacht worden. Sie ergab sich als der einfachste Ausdruck zur Bezeichnung der Ursache gewisser Erscheinungen und zugleich als der den Bedingungen ihres Auftretens und ihrer Wiederkehr am meisten entsprechende. So bei der wechselseitigen Anziehung der Weltkörper, der Gravitation, eben so bei den von der irdischen Schwere abhängigen Vorgängen, bei den magnetischen und electrischen Erscheinungen.

Auch die Wärme- und Lichtwirkungen bieten uns zahlreiche Belege von Einflüssen, deren Quelle in der Ferne liegt.

Durch Thatsachen, wie die hier angedeuteten, gelangte man schließlich zur Erkenntniß eines durch die ganze irdische und außerirdische Körperwelt vorhandenen innigen Zusammenhangs, einer Zusammengehörigkeit, in der jedes Glied seine wesentliche Bedeutung hat und den seiner Größe entsprechenden Einfluß übt, in der Nähe wie auf die weiteste Ferne hin.

Noch keinem Naturforscher ist es bis jetzt geglückt, von seinem Standpunkte aus, d. h. durch logische Folgerungen aus den Thatsachen, Einwirkungen auf einen Körper, deren nachweisbare Quelle nicht wieder ein Körper gewesen wäre, mit Sicherheit zu erkennen oder auch nur wahrscheinlich zu machen.

Für den Naturforscher fällt daher der Begriff: Naturkräfte, wesentlich mit dem von Körpereigenschaften zusammen. Denn was wir Eigenschaften eines Körpers nennen, sind nichts Anderes als seine zu unserer Erkenntniß gekommenen Einwirkungen auf andere Körper, z. B. auf den des Beobachters. Fehlten diese, d. h. besäßen wir keine Mittel, die Eigenschaften eines Körpers wahrzunehmen, so würden wir auch nichts von denselben wissen können.

In so fern hat die Behauptung: daß die Kräfte, welche einen Körper oder welche Theile desselben beherrschen, außerhalb des von diesem Körper oder diesen Körpertheilen erfüllten Raumes liegen, ihre volle Berechtigung. Nur bei unrichtiger Auffassung konnte sie zu der naturwidrigen, weil durch keine Erfahrung begründeten Vorstellung führen, daß Naturkräfte etwas in der Natur für sich selbst Bestehendes, von den Körpern, nicht bloß durch Abstraction, sondern in Wirklichkeit Trennbares und nach der Trennung noch Vorhandenes sein könnten.

Obgleich also Kraft nie anders als im Begriffe etwas für sich selbst Bestehendes bezeichnet, so bleibt es doch immer gestattet, die Stärke der wechselseitigen Einwirkung zweier Körper, wenn sie gegeben ist, als besondere Größe, als Zahl, aufzufassen; und diese Betrachtungsweise ist dadurch um so mehr gerechtfertigt, ja geboten, daß überall da, wo Kräfte Bewegungen der Körper erzeugen oder zu erzeugen streben, die Maßbestimmung ihrer Größe als Druck nicht nur denkbar, sondern in zahlreichen Fällen mit großer Schärfe ausführbar ist. So der Druck auf die Wage, der Druck des Wassers, der Luft, des Dampfes, der Muskeln u. s. w.

Obschon die Kräfte als Körpereigenschaften von dem Begriffe des Körperlichen nicht zu trennen sind, so fallen doch beide Begriffe nicht als identisch zusammen. Denn es ist Thatsache, daß verschiedene Körper sehr verschiedene Eigenschaften besitzen können, ja daß die Eigenschaften ein und desselben Körpers mannigfachen Veränderungen unterworfen sind.

In jedem Körper muß also eine Unterlage gegeben sein, welche diese Aenderungen erfährt und von der aus gewisse Kräfte sich äußern. Diese Unterlage, durch Abstraction von ihren Eigenschaften entkleidet, ist das, was man in der Physik die Materie nennt.

Materie erfüllt nach den Anschauungen der neueren Physik den ganzen Weltraum. Sie ist theilbar. Jeder Körper als Individuum enthält davon einen mehr oder weniger großen Antheil.

Die ganze Summe materieller Theile, welche in dem Raume eines Körpers eingeschlossen ist, bildet seine Masse. Die Masse muß also gleich dem Körper, dessen Grundlage sie darstellt, Erstreckung im Raume haben.

Die Materie in dem obigen abstracten Sinne bietet nichts greifbares, überhaupt nichts sinnlich wahrnehmbares und kann insofern kein Gegenstand physikalischer Forschung sein. Die Beantwortung der Frage, ob sie in ihrer Isolirtheit überhaupt existirt oder existiren könnte ist daher auch keine Aufgabe für die experimentelle Naturforschung. Sie würde für diese überdieß ohne praktisches Interesse sein, indem der Versuch ihrer Lösung, wie scharfsinnig immerhin begonnen und ausgeführt, seine Rechtfertigung in der Erfahrung nicht finden könnte.

Diejenige Materie, mit welcher einzig und allein der Naturforscher als solcher sich beschäftigen kann, ist die durch Eigenschaften belebte Materie, der Stoff.

Jedem Körper liegt eine gewisse Menge eines mit Eigenschaften begabten Stoffs zu Grunde, durch welche eben er sich als dieser besondere Körper zu erkennen gibt.

Die Erkennungsmittel sind Einwirkungen auf unsere Sinne, mögen diese nun unmittelbar oder auch nur mittelbar stattfinden. Man darf daher sagen: Stoff ist alles sinnlich Wahrnehmbare. Der Einwurf, welcher gegen diese Definition gemacht worden ist, daß Spiegelbilder, Farben, Töne sinnlich wahrnehmbar und doch keine Stoffe seien, ist nicht stichhaltig; denn diese Ausdrücke, gleich wie z. B. der Begriff Elasticität, bezeichnen nichts Anderes als Einwirkungen auf unsere Sinne, vermöge der gewisse Stoffe sich zu erkennen geben.

Ob alles Körperliche auf einen einzigen Grundstoff zurückführbar sei, oder ob die Natur in dieser Beziehung eine größere Mannigfaltigkeit biete, ist von der Naturforschung bis jetzt als offene Frage gelassen. Nur vorläufig, als mit den bisherigen Erfahrungen am Besten übereinstimmend, hat die Chemie dahin entschieden, daß es eine ziemlich große Anzahl Grundstoffe gebe (es sind deren 63 bekannt), d. h. Stoffe, die sich durch gewisse Eigenschaften vor allen anderen unterscheiden, durch Eigenschaften also, welche ihnen ausschließlich angehören und die man (im Sinne der Annahme) gleich wie die Stoffe selbst als unzerstörbar betrachtet.

Da die Naturkräfte die Beziehungen sind, welche die Körper untereinander, also jeden einzelnen mit seiner Außenwelt verbinden, so ist es selbstverständlich, daß der einzelne Körper von dieser Außenwelt getrennt oder von derselben unabhängig gemacht, mit einem Worte, daß die Körpermasse ihren Zustand nicht ändern, sich Bewegung weder geben noch nehmen und überhaupt keine Eigenschaft äußern kann. Dieß ist der Sinn des allgemein bekannten, für das Studium der Bewegungslehre so bedeutungsvollen Ausdrucks: Die Körpermasse ist träge.

Nur Mißverständniß oder Mangel an logischer Schärfe konnte die Trägheit als Beharrungsvermögen (vis inertiae) d. h. als eine Eigenschaft der Masse bezeichnen. Was man Widerstand (Kraft) der trägen Masse nannte, läßt sich immer auf Eigenthümlichkeiten des Stoffs, gewöhnlich auf Aeußerungen der in Anspruch genommenen Elasticität, zurückführen. So z. B. der Widerstand und die Uebertragung von Bewegung beim Zusammenstoßen zweier Körper.

Obgleich es völlig unmöglich ist einen Stoff von seinen Eigenschaften in Wirklichkeit zu trennen, so unterliegt es doch keinem Anstande, einen jeden Körper bezüglich einer bestimmten bewegenden Kraft, eines gewissen äußeren Drucks, der auf ihn einwirkt, wodurch immerhin dieser Druck erzeugt worden sein mag, als träge Masse zu behandeln, sobald es nur gelingt, gleichzeitige, störende Einflüsse anderer Naturkräfte entfernt zu halten. Die Richtigkeit dieses Verfahrens erhellt unmittelbar aus dem Begriffe der Trägheit; denn da die träge Masse sich nicht selbst Bewegung geben noch nehmen, da sie überhaupt keine Kraft, also auch keinen Widerstand äußern kann, so muß jeder äußere Einfluß, soweit ihm nicht andere äußere Einflüsse entgegenstehen, zur vollkommen freien Wirksamkeit gelangen. Daher kann beispielsweise der senkrechte Fall eines Körpers im leeren Raume ganz so wie die Bewegung einer trägen Masse beurtheilt werden, weil diese Bewegung unter den angenommenen Bedingungen ausschließlich unter der Herrschaft der Schwere steht. Eben so läßt sich eine Magnetnadel, nachdem man sie unbeschadet ihrer übrigen Beweglichkeit in ihrem Schwerpunkte unterstützt und dadurch der Schwere entzogen hat, als träge Masse betrachten, auf welche aus der Ferne nur magnetische Kräfte sich geltend machen können.

Da jede Masse aus einer Summe materieller Theile besteht, so kann von größeren und kleineren Summen der Art die Rede sein. Auch besitzen wir wirklich ein sehr scharfes Mittel, solche Unterschiede festzustellen.

Aus dem Begriffe der trägen Masse geht nämlich als eine nothwendige Folge hervor, daß gleich große Massen gleich großer Druckkräfte bedürfen, z. B. die zweifache Masse der doppelten Kraft, wenn sie, von der Ruhe beginnend, unter dem Einflusse dieser Kräfte in gleicher Zeit gleiche Wegesstrecken zurücklegen sollen.

Nun sind alle Körper, ohne Ausnahme, der Schwere unterworfen. Läßt man eine Anzahl verschiedenartiger Körper in einem leeren Raume, aus gleicher Höhe, gleichzeitig und senkrecht herabfallen, so erreichen alle zugleich den Boden. Alle haben demnach in gleicher Zeit gleiche Wegesstrecken beschrieben.

Bei allen stand also der Druck, welcher sie in der Richtung des Lothes in Bewegung setzte, im geraden Verhältnisse zu ihren Massen. Diesen Druck, den Trieb der Schwere, kann man durch die Wage messen. Er ist nichts Anderes als das Gewicht.

Die Massen der Körper verhalten sich folglich wie ihre Gewichte. Und zwar gilt dieses Verhältniß überall auf der Erde, denn die Erfahrung, von der wir ausgegangen sind, läßt sich allenthalben bewähren. In jeder Breite, auf hohen Bergen, an den Gestaden der Meere, in tiefen Schachten, überall wohin Menschen gelangen konnten. Absolut betrachtet ist zwar das Gewicht eines Körpers, oder richtiger sein Trieb zu fallen, nicht überall gleich; allein man findet, daß die wirklich eintretende Aenderung alle Körper gleichmäßig trifft, die zu wägenden Lasten eben so wie die Gewichtsteine; so daß ein Körper, dessen Gewicht, wo es immer sei, genau bestimmt ist, an jedem anderen Orte scheinbar eben so viel wiegen muß.

Das Abwägen ist also ein eben so einfaches als untrügliches Mittel, die Größen beliebiger Körpermassen zu vergleichen. Nimmt man das Gewicht irgend eines Körpers als Einheit, so erfährt man durch Abwägen eines anderen Körpers, wie viele solcher Einheiten in seinem Raume enthalten sind.

Diese Erörterungen lassen einsehen, warum man Kraft und Masse, obschon diese Begriffe an sich nur eine ideelle Bedeutung haben, doch in dem wichtigsten Theile der Physik, in der Bewegungslehre, als wirkliche und selbstständige Größen behandeln darf, denn diese Größen sind, nicht etwa in der Idee, sondern wirklich meßbar, sie lassen sich durch Zahlen ausdrücken und in die Rechnung einführen. So sagt uns einer der wichtigsten und durch die Erfahrung bewährtesten Lehrsätze der Bewegungslehre : Die Geschwindigkeitsveränderung, welche einem Körper in der Zeiteinheit eingeprägt werden kann, verhält sich wie die Größe der drückenden Kraft und umgekehrt wie die Größe seiner Masse.

Dieser Satz bezeichnet in scharfer und ganz allgemeiner Weise die Art der Abhängigkeit, in welcher Aenderungen im Bewegungszustande eines Körpers von dessen Masse, von der wirkenden Kraft und deren Wirkungszeit stehen. Ein näheres Eingehen auf den besonderen Ursprung der Kraft ist nicht gefordert; was sagen will, daß der Lehrsatz sich auf alle Kräfte bezieht, die sich als Druck äußern. Es bedarf also nur noch der Kenntniß derjenigen Geschwindigkeit, die einer irgend gegebenen Masse, durch einen gegebenen Druck in gegebener Zeit eingeprägt werden kann, um im vollständigen Besitze der Mittel zu sein, Vorgänge der bezeichneten Art durch Rechnung bestimmen, also in ihren Zielen voraussehen zu können.

Einen jeden Ausdruck, welcher ähnlich dem soeben näher beleuchteten, in meist sehr einfacher (mathematischer) Form, die Abhängigkeitsbeziehungen einer Naturerscheinung hervorhebt und dadurch die feste Ordnung ihres Verlaufes kennzeichnet, nennt man Gesetz dieser Erscheinung.

Das Gesetz einer Erscheinung darf man nicht mit deren Ursache verwechseln. Durch die Ursache, die Kraft, werden die Erscheinungen bewirkt, das Gesetz leitet ihren Verlauf. Ueber die wahre Ursache kann man im Zweifel, sie kann ganz unbekannt geblieben sein, ohne daß darum das Gesetz, insofern es richtig erkannt ist, von seinem Werthe verliert. Was die Frage der Richtigkeit eines Gesetzes angeht, so kann man dauernd darüber nicht in Ungewißheit bleiben; denn die Mittel, diese Frage zu beantworten, liegen uns vor. Sie bestehen in wiederholter aufmerksamer Beobachtung der Erscheinung, in der Vergleichung mit anderen ähnlichen Vorgängen und, soweit dieß möglich ist, in künstlich herbeigeführten Abänderungen der Bedingungen ihres Verlaufes, d. h. in der Anstellung von passenden Versuchen.

Die Gesetze des Falls sind von Gallilei entdeckt worden und ihre Entdeckung bezeichnete einen riesigen Fortschritt in der Naturwissenschaft, wenn schon man sich damals noch keine klare Vorstellung von der Ursache des Falls (der Schwerkraft) zu machen wußte. In ähnlicher Weise kannte man die Bewegungsgesetze der Planeten lange vor der Entdeckung des Gravitationsgesetzes. Dieses ist aber nicht das Gesetz einer Erscheinung, sondern das einer ganzen Klasse von Erscheinungen, indem es in allgemeiner Weise die Abhängigkeit der Wirkungen der Gravitation von Masse und Raum ausdrückt. Dasselbe lehrt bekanntlich: daß die wechselseitige Anziehung zweier Körper dem Producte ihrer Massen direct und dem Quadrate der Entfernung ihrer Schwerpunkte umgekehrt proportional ist.

Aus dem Gravitationsgesetze hat man die Bewegungsgesetze der Planeten, gleichwie die des Falls der Erdkörper, als nothwendige Folgesätze mit mathematischer Schärfe abgeleitet, und gerade darauf gründete sich die Ueberzeugung von der Richtigkeit der Annahme, daß alle Weltkörper durch eine wechselseitige Anziehung verbunden seien.

Die Vorstellungen, welche man sich im Laufe der Zeiten über die Ursachen der Erscheinungen gebildet hat, wechselten häufig mit der fortschreitenden Erkenntniß. Die Gesetze sind davon unabhängig; durch sorgfältige Prüfung einmal als sicher erkannt, bleiben sie für alle Zeiten eine unantastbare Errungenschaft.

Der Gedanke, daß das Gravitationsgesetz sich auf alle Massen, folglich auch auf die Masse der Erde, sowie auf die eines jeden einzelnen Erdkörpers beziehen müsse, hat zu einem Wege geleitet, das Gewicht der Erde zu messen.

Es ist nämlich einleuchtend, daß die Stärke der Anziehung und richtenden Kraft, welche einerseits die ganze Erde, andererseits ein irgendwie passend gewählter Theil der Erde, z. B. eine große Bleikugel von bekanntem Gewichte und geeigneter Stellung, gegen die Linse eines Pendels äußern (insofern eine solche Anziehung überhaupt vorhanden ist), dem Gravitationsgesetze entsprechen müssen. Durch Beobachtungen und Messungen in diesem Sinne gewann man die erforderlichen Grundlagen, um die Größe der Erdmasse (also ihr Gewicht) aus derjenigen der Bleikugel abzuleiten.

Dabei blieb indessen die Physik nicht stehen. Das Gravitationsgesetz, als das allgemeine Gesetz der Wechselwirkung der Massen, gleichwie es die Umwälzung der Planeten um die Sonne und die der Trabanten um ihre Centralkörper lenkt, muß auch die mannigfachen, durch astronomische Messungen nachgewiesenen Aenderungen ihrer Bewegungsbahnen beherrschen, so oft zwei oder mehrere Planeten, während sie ihre Kreisläufe vollziehen, einander näher treten oder sich von einander entfernen. Indem man die erwähnten Messungen in diesem Sinne verwerthete, wurden der Wissenschaft die Mittel geboten, nicht nur die Masse der Sonne und des Mondes, sondern auch diejenige aller größeren Planeten zu berechnen. So wurde es möglich, die Gesammtmasse unseres Sonnensystems wenigstens annäherungsweise abzuschätzen. Jede Aenderung in der Größe dieser Gesammtmasse würde einen verhältnißmäßigen Einfluß auf die Bewegung der Himmelskörper äußern müssen. Nichts der Art ist seit 2000 Jahren bemerkt worden.

Die Gravitation als Erdschwere ist, so viel wir wissen, die einzige Naturkraft, der alle Erdkörper gleichmäßig unterthan sind, wie verschiedenartig sie sonst sein, welche Veränderungen der Form, des Zustandes und der chemischen Beschaffenheit sie erfahren mögen. Die unter allen diesen Umständen thatsächlich festgestellte Unveränderlichkeit des Gewichtes gewährt die sicherste Bürgschaft, daß durch die natürlichen Vorgänge auf unserer Erde wägbare Materie nicht zernichtet werden kann. Eben so wenig gibt es einen aus verbürgten Erfahrungen entnehmbaren Grund zu der Annahme, daß durch irdische Processe Materie erzeugt werden könne. In früherer Zeit war zwar diese Vorstellung sehr allgemein verbreitet, insbesondere bezüglich der in dem pflanzlichen und thierischen Leben thätigen Kräfte. Diese Ansicht ist aber durch die Forschungen der neueren Chemie so vollständig widerlegt worden, daß man den Satz : Pflanzen und Thiere enthalten keine Grundstoffe, weder der Qualität noch der Quantität nach, die sie nicht während ihres Wachsthums und Lebens von Außen aufgenommen haben, gegenwärtig als einen der unantastbarsten Grundsätze der Naturwissenschaft betrachten darf.

Wem sollte in Folge solcher Thatsachen nicht der Gedanke auftauchen, daß nicht bloß der irdische Stoff, sondern daß die ganze Natur und ihre Gesetze ewig sind? Die nähere Beleuchtung desselben führt allerdings alsbald über die Grenzen der dem irdischen Leben möglichen Erfahrungen, und folglich der Naturforschung; doch scheint er dem von Vorurtheilen nicht befangenen menschlichen Verstande wohl leichter faßbar, als die Vorstellung, daß aus absolutem Nichts etwas geschaffen werden könne.

Außer den wägbaren Stoffen gibt es noch andere, die sich nicht durch ihr Gewicht und überhaupt nicht unmittelbar durch Einwirkung auf unsere Sinne zu erkennen geben, auf deren Dasein man aber gleichwohl mit derselben Sicherheit schließen darf, mit der man z. B. aus einem Spiegelbilde das Vorhandensein eines Gegenstandes folgert, welcher jenes Bild erzeugte.

Es mag zu unserem Zwecke genügen, hervorzuheben, daß Licht und Wärme, die uns von der Sonne zufließen, eines Mittels zu ihrem Uebergange bedürfen. Früher glaubte man die Ursache der Licht= und Wärmewirkungen in dem Dasein eigenthümlicher Stoffe finden zu können, dem Licht= und Wärmestoff, deren Theilchen von leuchtenden, sowie von warmen Körpern durch unbekannte Ursachen mit einer fast unbegreiflichen Geschwindigkeit in gerader Linie fortgeschleudert würden. In der neuesten Zeit hat man sich indessen genöthigt gesehen, diese Vorstellung, welche zur Erklärung mancher Licht= und Wärmeerscheinungen nicht mehr ausreichte, ganz zu verlassen und hat dafür mit dem günstigsten Erfolge die Eindrücke entfernter Licht= und Wärmequellen von Wellenbewegungen (verwandt mit den Wasserwellen) abhängig gemacht, die in einem äußerst feinen, allenthalben verbreiteten Fluidum, dem Aether, gebildet werden und sich fortpflanzen.

Man bemerkt nun leicht, daß diese neuere gleich wie jene ältere Theorie auf Stoffe oder doch wenigstens auf einen Stoff hinweisen, der sich zu jeder Zeit überall im Weltraume vorfindet und welcher, wenn nicht absolut, doch für unsere Hülfsmittel des Messens gewichtslos ist.

Ob der Aether neben seiner Bedeutung als Fortpflanzungsmittel des Lichtes und der Wärme noch andere Bestimmungen hat, ob außer ihm noch andere unwägbare Stoffe als Gemeingut des Weltraums zu betrachten sind, ist zwar nicht unwahrscheinlich, darüber zu urtheilen fehlen jedoch bis jetzt sichere Anhalte.

Die Theilbarkeit der Materie und ihre Unzerstörbarkeit bilden die wesentlichen Grundlagen der sogenannten atomistischen Theorie, welche in so weit sich streng dem Thatsächlichen anschließt und dasselbe nur, und zwar in rein wissenschaftlichem Sinne, zu verwerthen sucht. Diese Theorie nimmt an, daß die kleinsten Körpertheile oder die Atome seit Erschaffung der Erde, also ursprünglich, gegeben seien, daß jedes Atom seinen Raum selbstständig ausfülle und daß die Körper durch Nebeneinanderlagerung kleinster Theilchen gebildet seien.

Zu der ersten Annahme ist die Theorie durch die Erfahrung gezwungen, daß auf der Erde Kräfte, welche neue Materie erzeugt hätten, nirgends gefunden worden sind. Die zweite Annahme folgt aus dem Begriffe der Unzerstörbarkeit, der wohl zuläßt, daß ein Atom ein anderes aus seinem Raume verdrängen, aber nicht, daß es als Individuum gegeben und doch zugleich ein und denselben Raum mit einem anderen ebenfalls selbstständigen Individuum theilen, gleichsam von diesem durchdrungen sein kann. Diese Idee einer wechselseitigen Durchdringung würde man, weil sie den Thatsachen nicht angemessen ist, selbst dann aufgeben müssen, wenn sich überhaupt ein klarer Begriff damit verbinden ließe. Für die Gestaltung eines Körpers aus seinen Atomen bleibt somit keine andere Vorstellung gestattet, als die einer Nebeneinanderlagerung; d. h. dasjenige was uns die Theilbarkeit eines jeden Körpers, soweit wir dieselbe mit den Sinnen verfolgen können, gelehrt hat, müssen wir über die Grenzen des Wahrnehmbaren hinaus bis zu den kleinsten Theilchen uns fortgesetzt denken.

Die Nebeneinanderlagerung der Atome geschieht nach gewissen, bis jetzt nicht deutlich erkannten Gesetzen, welche, meist unter begünstigenden Nebenumständen, bei gleichartigen Atomen die Krystallbildung hervorrufen, bei ungleichartigen Atomen chemische Verbindungen erzeugen.

Eine sichtbare Wirksamkeit der zwischen den Atomen thätigen Molekularkräfte findet, wie man weiß, nur bei sehr großer Annäherung statt, jedoch ist Berührung in der üblichen Bedeutung dieses Wortes nicht als nothwendige Bedingung zu erachten. Im Gegentheil deuten viele Erscheinungen, wie Dehnung, Verdichtung, Verschiebbarkeit der Theilchen ohne Störung des Zusammenhangs, darauf hin, daß die Abstände der Atome wägbarer Stoffe von einander, verglichen mit deren wirklicher Größe, sehr beträchtlich, wie klein immerhin für unsere Messungen und für die sinnliche Wahrnehmung sein können. Diese Zwischenräume sind nicht leer, die Erscheinungen der Wärme und des Lichtes weisen darauf hin, daß sie mit demselben feinen, höchst elastischen Fluidum, dem Aether, ausgefüllt sind, welcher sich, wie bekannt, durch das ganze Weltall ausbreitet. Doch besitzt derselbe nach den Lehren der Optik in dem Innern körperlicher Räume eine größere Dichtigkeit; woraus man schließen muß, daß er von dem wägbaren Stoffe angezogen wird, während zwischen den Aethertheilen unter einander nur Abstoßungsvermögen wahrgenommen worden ist.

In der Vorstellung einer wechselseitigen Einwirkung der Atome auf Abstand kann an und für sich nichts Gezwungenes oder sonst wie Auffallendes gefunden werden; sie muß vielmehr als die naturgemäßeste Auffassungsweise für die Art der wechselseitigen Beziehungen der Körpertheile erscheinen, seitdem wir wissen, daß die Einwirkung der Massen auf einander, selbst bei den weitesten Entfernungen, nicht erlischt.

Die Richtigkeit der atomistischen Theorie ist häufig in Zweifel gezogen und angefochten worden, weniger allerdings von Physikern und Chemikern, deren Forschungen sie eine feste und in vielen Fällen ganz unentbehrliche Stütze geboten hat, umsomehr dagegen von solchen Gelehrten, welche die Natur nach ihrer Phantasie zu construiren versuchten und dazu fester Erfahrungsgrundlagen allerdings nicht bedurften.

Als die schwächste Seite der atomistischen Theorie ist insbesondere hervorgehoben worden, daß sie die Theilbarkeit als begrenzt, also die kleinsten Theilchen nicht nur ihrer inneren oder chemischen Beschaffenheit, sondern auch ihrer Form und Größe nach als gegeben betrachtet. Man könnte die Bedeutung dieses Einwurfs zugeben ohne darum der Theorie zu nahe zu treten, denn in der That bedarf diese der Annahme einer begrenzten Theilbarkeit der Materie nicht weiter als dieselbe durch die Erfahrung wirklich festgestellt ist. Eine Grenze der Theilbarkeit für die uns zu Gebote stehenden Hülfsmittel ist übrigens eine nicht zu bestreitende Thatsache. Die Erde selbst, ungeachtet der Mannigfaltigkeit ihrer Bestandtheile, als Theil des Weltalls betrachtet, erscheint uns ein untheilbares Ganze; freilich nicht, weil eine Zertheilung derselben an und für sich undenkbar wäre, sondern weil uns keine Kräfte, die dieß auszuführen vermöchten, bekannt sind.

Wie weit die Theilbarkeit eines Körpers gehen könne, läßt sich allerdings nicht genau bestimmen. Aber gewiß ist es, daß von einer ganz gleichartigen, wenn auch chemisch zusammengesetzten Masse mittelst unserer Theilungswerkzeuge, Hammer, Messer, Feile u. s. w. nur Theilchen derselben Art abgelöst werden können. Das kleinste noch sichtbare Pünktchen, das mittelst einer Diamantspitze z. B. von einem reinen Kalkspathkrystall abgerissen wird, erscheint unter dem Mikroscope betrachtet als Krystall. Die Theilbarkeit in diesem Sinne ist also gewiß begrenzt, und ein größerer Krystall ist augenscheinlich eine Nebeneinanderlagerung sehr kleiner Theilchen derselben Art. Dennoch kann man aus den meisten krystallinischen Stoffen durch chemische Einwirkung ungleichartige Theilchen absondern; aus dem Kalkspathe z. B. Calcium, Kohle und Sauerstoff.

Eine im absoluten Sinne begrenzte Theilbarkeit wird von der atomistischen Theorie nicht gefordert. Möge sie indessen stattfinden oder möge man in der übrigens weder physisch nachweisbaren, noch leichter zu begreifenden Vorstellung eines bis ins unendlich Kleine gehenden Theilbarkeit der Materie eine größere Befriedigung finden; der Kern der Theorie bleibt, wie gesagt, davon unberührt. Diesen Kern bildet die unumstößliche Thatsache, daß jeder Körper aus äußerst kleinen Theilen (Atome genannt) zusammengesetzt ist, die in ihrer Nebeneinanderlagerung nach festen Gesetzen auf einander einwirken.

Die Naturgesetze bilden gleichsam die lenkende Hand in der Natur; ihrer Herrschaft sind alle Erscheinungen unterworfen.

Das Erschaffen von Neuem ist, soweit menschliche Erfahrungen reichen, nur ein Verändern in den Zuständen bereits vorhandener Dinge, und diese Vorgänge, welche sich vor dem beobachtenden Auge in ununterbrochener Folge entfalten, lassen sich, soweit ihre Gesetze bekannt sind, voraussehen. Eine genaue Kenntniß aller Naturgesetze wäre Allwissenheit in natürlichen Dingen.

Von diesem Ziele menschlichen Strebens sind wir freilich noch unendlich weit enfernt. Es entzieht sich uns, indem wir wähnen, demselben näher zu kommen. Zwar leben wir in einer Zeit des riesigen Fortschreitens in der Erkenntniß der Natur. Aber wie groß auch die Menge des Neuen sei, welche alljährlich dem schon Bekannten zugefügt wird, die Masse des noch zu Erforschenden vermindert sich nicht; sein Gebiet scheint vielmehr vor dem durch die Uebung geschärften Blicke sich zu erweitern, je tiefer es uns vergönnt ist in dasselbe einzudringen.

Am wenigsten noch wissen wir gerade von den Dingen, die mit uns selbst in der nächsten Beziehung stehen, von den Kräften der organischen Natur und deren Gesetzen.

Der Physiker ist gewohnt, den Character eines ächten Naturgesetzes daran zu erkennen, daß es sich nach Maß und Zahl, häufig in sehr einfacher Weise ausdrücken läßt, und dadurch eine Handhabe für die Rechnung bietet. Physik und Chemie haben solche Gesetze, erstere in bedeutender Anzahl, aufzuweisen. Für die Erscheinungen der vorzugsweise sogenannten lebenden Natur, als dieser eigenthümlich angehörend, fehlen sie uns noch. Vergeblich waren bisher die Bemühungen der scharfsinnigsten Beobachter, über die Entstehung und Fortentwickelung auch nur der einfachsten organischen Zelle Rechenschaft zu geben.

Sind es ausschließlich nur die schon näher bekannten Kräfte der unorganischen Natur, welche hierbei zur Wirksamkeit gelangen, oder treten noch andere hinzu, die sich von den bereits erforschten bestimmt unterscheiden? Wirkt die Zelle, während sie sich fortbildet, durch die unmittelbar von den wägbaren Körpertheilchen ausgehenden Molekularkräfte (in ähnlicher Weise wie es bei der Krystallbildung geschieht, und dort zur Erklärung des Vorgangs ausreicht), oder ist ihre Thätigkeit mehr derjenigen einer geschlossenen galvanischen Kette verwandt? Hat die Kraft des organischen Lebens ihren Sitz auf wägbarer Materie, oder hat sich der Träger derselben bisher unserer Beobachtung entzogen, und gehört dieser vielleicht gleich dem Aether dem ganzen Weltraum an? Diese nnd ähnliche Fragen, in der Hauptsache darauf hinauslaufend, ob die Vorstellung einer eigenthümlichen Lebenskraft nur als eine vorläufige, bequeme Aushülfe zu betrachten, oder ob sie nothwendig und in den Erscheinungen begründet sei, so berechtigt sie ohne Zweifel sind, können einen befruchtenden Einfluß auf die Fortentwickelung der Wissenschaft doch nur dann gewinnen, nachdem es gelungen ist, die Gesetze der Lebenskraft zu erschließen.

Es ist gewiß, daß die in der unorganischen Natur waltenden Kräfte auch in der organischen zur Wirksamkeit kommen. Die Bewegung der Säfte in den Pflanzen, die des Blutes in den Adern der Thiere, der Athmungsproceß u. s. w. gehen nach Gesetzen vor sich, welche sich von den in der unorganischen Natur unter ähnlichen Umständen geltenden nicht unterscheiden. Durch die Organe lebender Körper werden chemisch definirbare Stoffe erzeugt, von welchen einige auch ohne Beihülfe organischer Thätigkeit dargestellt worden sind. Es ist durchaus kein Grund vorhanden, warum dasselbe nicht auch von anderen gelingen sollte. Darin jedoch zeigt sich zwischen den Wirkungen der unorganischen und denjenigen der organischen Natur eine sehr wesentliche Verschiedenheit, daß die Aeußerungen des organischen Lebens den unbefangenen Beobachter unwillkürlich an Werkstätten erinnern, in welchen dieselben Kräfte nach Wahl und Bedürfniß, und zwar in verschiedenen Organismen verschieden, geleitet werden.

Es scheint unmöglich, diesen Gegensatz anders aufzufassen, als in der Abhängigkeit von Agentien und Gesetzen, deren nähere Erkenntniß uns bis jetzt gänzlich fehlt. Indem wir diesen Agentien den Namen Lebenskraft beilegen, ist freilich nichts erklärt, wohl aber ist dadurch deutlich und bestimmt hervorgehoben, daß zur Erklärung der Lebenserscheinungen die Kenntniß der bis dahin erforschten Kräfte der unorganischen Natur nicht ausreichend sind.

So z. B. ist der in dem thierischen Organismus eintretende Stoffwechsel allerdings ein chemischer Proceß; allein derselbe geht unter Bedingungen vor sich und wird durch Gesetze geleitet, welche dem thierischen Leben eigenthümlich sind und mit dem Aufhören desselben alsbald ihre Geltung verlieren; ähnlich wie durch electrische Thätigkeit, so lange deren Quelle geöffnet bleibt, die chemischen Beziehungen der Körper Veränderungen erfahren und chemische Erscheinungen hervorgerufen werden können, welche aus den bekannten rein chemischen Eigenschaften der Körper allein sich weder vorhersehen noch erklären lassen. Der Versuch, welcher gleichwohl, hauptsächlich von einigen englischen Physikern, gemacht worden ist, Electricität mit Chemismus zu identificiren, zeigte sich sehr bald als ein Rückschritt in der Erkenntniß.

In gleichem Widerspruche mit dem rationellen Gange einer exacten Naturforschung scheint das Verfahren derjenigen Gelehrten zu stehen, welche glauben, die Frage über die Wirkungen der Lebenskraft dadurch vereinfachen zu können, daß sie die Existenz dieser Naturthätigkeit, deren mächtiges Walten sich allenthalben und selbst durch unser eigenes Dasein offenbart, überhaupt in Abrede stellen.

Wenn behauptet wird, daß an dieses Verfahren wesentliche Fortschritte in der Physiologie sich anknüpfen, so könnte diese Ansicht immerhin auf Täuschung beruhen, so lange nicht dargethan ist, daß dieselben Fortschritte ohne die Abläugnung der Lebenskraft nicht ebenfalls hätten erzielt werden können. Jedenfalls ist es dieser Weg nicht gewesen, dem die Physik ihre Erfolge zu verdanken hat.

Der große Gallilei begann seine Studien über den Abscheu der Natur vor leeren Räumen nicht damit, daß er gestützt auf diese oder jene philosophische Betrachtung das Dasein dieser Naturkräfte als überwundenen Standpunkt erklärte. Welchen Vortheil für die Wissenschaft hätte er auch dadurch erreichen können? Konnte doch Jedermann täglich die Wirkungen jenes Abscheues wahrnehmen. Da derselbe indeß jedenfalls die Bedeutung einer bewegenden Kraft, eines Drucks hatte, so konnte er eine meßbare Größe besitzen. Gallilei sann daher nach Mitteln, diesen Druck zu messen, und eine solche Maßbestimmung gelang ihm durch sinnreich angeordnete Versuche, die ihn, wenn seine Gedanken nicht gerade diese bestimmte Richtung verfolgt hätten, wahrscheinlich zur Entdeckung der Luftpumpe geleitet haben würden. Nur durch den Erfolg dieser Messung wurde Gallilei zu dem bekannten Ausspruche berechtigt, daß durch den Abscheu der Natur vor leeren Räumen das Wasser nicht weiter als bis zu 32 Fuß Höhe gehoben werden könne. Obgleich hierdurch der horror vacui in den Rang einer Naturkraft von begrenzter Größe zurückgeführt war, so konnten doch Versuche, die Vorstellung einer so eigenthümlichen Naturthätigkeit ganz aus der Lehre zu verbannen, erst dann von Erfolg begleitet sein, nachdem es gelungen war, alle von dem horror vacui abhängig gemachten Erscheinungen aus dem Luftdruck zu erklären.

Ueber das eigentliche Wesen der Lebenskraft schweben wir, wie bemerkt, noch in völliger Dunkelheit. Alles was über die Ursachen des organischen Lebens bisher ausgesprochen und geschrieben worden ist, beruht auf den schwankenden Stützen der Vermuthung und des Glaubens, Stützen durch die man zu allen Zeiten den Mangel wirklicher Erkenntniß zu ersetzen oder zu verdecken versucht hat.

Nach Allem, was man aus dem gegenwärtigen Zustande unserer Erde über ihre frühere Beschaffenheit zu erschließen vermochte, scheint sie nicht zu allen Zeiten ein geeigneter Aufenthaltsort für das organische Leben und dessen Entwickelungsprocesse gewesen zu sein. Mit voller Sicherheit läßt sich dieß nach den bisher gesammelten Thatsachen allerdings nicht behaupten, und geradezu undenkbar ist es keineswegs, daß das organische Leben mit dem der unorganischen Natur gleiche Ursprünglichkeit besitzt. Wäre dem jedoch nicht so; war die Erde in ihrem vorweltlichen Zustande wirklich unfähig den Lebensbedürfnissen der Pflanzen und Thiere zu genügen, so konnten diese freilich erst in einer jüngeren Zeit aufgetreten sein. Von diesem Gedanken ausgehend hat man die Ansicht aufgestellt, das organische Leben sei, als der passende Zeitpunkt eintrat, aus einem Zusammenwirken der bereits früher schon thätigen Naturkräfte hervorgegangen. Diese Annahme hätte volle Berechtigung, wenn sie als Handhabe dienen könnte, das Auftreten des organischen

Lebens zu erklären. So lange aber dieß nicht der Fall ist, so lange sie unfähig bleibt, den Weg zur Erkenntniß von Bedingungen und Gesetzen anzubahnen, durch ein künstlich geleitetes Zusammenwirken unorganischer Kräfte organisches Leben hervorzurufen, so lange hat sie kaum mehr Bedeutung als die einer Phrase ohne Inhalt.

Weniger noch dürften Diejenigen den richtigen Weg des Forschens verfolgt haben, welche versuchten, die Erzeugung der ersten organischen Zelle von einem zufälligen Zusammentreffen begünstigender Umstände abhängig zu machen. Denn auch abgesehen davon, daß es noch Niemand gelungen ist, solche Umstände künstlich herbeizuführen, oder auch nur von deren Beschaffenheit sich einen Begriff zu machen; sind wir, nach Allem, was aufmerksames Studium der Natur bis dahin uns offenbarte, zu dem Schlusse gezwungen, daß Zufälligkeiten eben so wenig als ein zeitweiliges, gewaltsames Eingreifen übernatürlicher Kräfte, sondern daß unabänderlich feste Gesetze die physische Welt regieren. Die Vorstellung eines von Zeit zu Zeit nöthigen Eingriffs von Kräften, die über der Natur stehen, eine Vorstellung, die offenbar gleichbedeutend ist mit einem vorübergehenden Aufheben der Naturgesetze, oder, was dasselbe ausdrückt, mit dem zeitweiligen Eintreten von Wundern, scheint am Wenigsten mit dem Begriffe zu vereinbaren, den man sich von der Allmacht, Allwissenheit und Voraussicht jenes höheren Wesens machen muß, dessen Dasein, als Inbegriff alles geistigen Lebens, wie unerforschlich immerhin sein Zusammenhang mit der physischen Welt uns erscheinen mag, sich dem unbefangenen, durch Trugschlüsse und Eitelkeit nicht geblendeten menschlichen Geiste mit unwiderstehlicher Macht aufdrängt.

Druck von Wilhelm Keller in Gießen.